Contents

- 3 　カタログページの見方

⑧ シリーズ素材カタログ
- 10 　Style 1 　バラの香り
- 12 　Style 2 　ナチュラルボード
- 14 　Style 3 　可愛いレース
- 16 　Style 4 　おとぎ話のように
- 18 　Style 5 　ハートの気持ち
- 20 　Style 6 　紙のコラージュ
- 22 　Style 7 　ふんわりファンタジー
- 24 　Style 8 　きらきら星
- 26 　Style 9 　フラワーガーデン
- 28 　Style 10 　チェック柄の生地
- 30 　Style 11 　シンプルなクラフト紙
- 32 　Style 12 　ガーリー&ヨーロピアン

㉞ 背景素材カタログ
- 36 　All Season 　オールシーズン
- 64 　Spring 　春
- 66 　Summer 　夏
- 68 　Autumn 　秋
- 70 　Winter 　冬
- 72 　Pattern 　パターン柄
- 76 　COLUMN 　素材の活用アイデア&ヒント

㉛ パーツ素材カタログ
- 82 　イラストパーツ
- 98 　プラスワンパーツ
- 110 　文字パーツ
- 128 　フォント見本帳

⑬² Wordを使って作ろう
- 132 　プリンターと用紙の設定をする
- 134 　背景素材を貼り付ける
- 135 　文字を入力する
- 136 　パーツ素材を貼り付ける/印刷する
- 137 　手持ちの写真を合成する
- 138 　名刺サイズのレイアウト方法
- 139 　フォントのインストール方法
- 140 　作り方のヒントQ&A

⑭² ご利用条件について

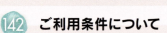

カタログページの見方

紙面では付属DVD-ROMに収録している背景素材とパーツ素材をカタログ形式で掲載しています。使いたいものを見つけたら、付属DVD-ROMから収録先をたどり、目的のファイルを探してください。

シリーズ素材

背景やパーツが1つのスタイルでシリーズになった素材。売り場や教室を統一して演出したいときにオススメです。

カラーバリエーション
シリーズ素材には、掲載しているもの以外に2つのカラーバリエーションがあります。

① ページのテーマ
② 付属DVD-ROM内のデータの場所
③ ファイル名

作例の使用アイテム
見本で使用している素材を紹介しています。見本はこれらを組み合わせた状態で掲載しており、組み合わせたデータの収録はありません。

背景素材

作りたいものに合わせてお好みのデザインを選べる背景素材。1つのデザインに3つのカラーとサイズがあります。

背景素材のバリエーション
背景素材は、すべてのデザインに3サイズをご用意しました。それぞれファイル名の頭に「名刺」「はがき」「ポスター」と付いています。

 名刺サイズ 55mm×91mm
 はがきサイズ 100mm×148mm
 A4（ポスター）サイズ 210mm×297mm

パーツ素材

イラストや吹き出し、写真フレーム、手描き文字など、オリジナルPOPやポスター作りに欠かせない素材。

106-03

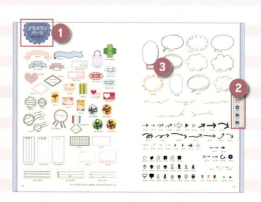

106-03N

文字なし版
パーツ素材の文字が入っているデザインには文字なし版を収録したものがあります。文字なし版はファイル名の末尾が「N」になっています。

場所にマッチした
雰囲気作りを

お客様がはじめに感じる
その場の雰囲気はとても重要です。
シリーズ素材は統一した雰囲気作りに最適。
コンセプトに合ったものを選んで
世界観を作りあげましょう。

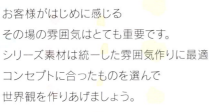

手書き文字や絵に自信がなくてもOK！

背景、イラスト、文字、フォントとPOPやポスター作りに役立つ素材が全部揃っているので、
パソコンで誰でも簡単にかわいい1枚が完成♪

季節感で
お客様の購買意欲をアップ！

来店するお客様を楽しませる演出として、
季節感を意識した飾り付けは効果絶大！
「バレンタイン」など
季節ごとのイベントをテーマにすると、
お客様の購入意欲もアップするかも。
いろいろチャレンジしてみましょう。

かわいい飾り付けで
楽しい空間を演出

店内や会場を華やかに彩るガーランド。
3つのカラーバリエーションを使って
カラフルに飾り付けてみましょう。
好みの柄を組み合わせても◎。

お店をまるごとスタイリング
シリーズ素材カタログ

同じスタイルのモチーフでシリーズになった素材です。
12のシリーズの中からお店にあったものをセレクトして使いましょう。

10	Style 1	バラの香り	Fragrance of roses
12	Style 2	ナチュラルボード	Natural board
14	Style 3	可愛いレース	Lovely lace
16	Style 4	おとぎ話のように	Fairy-tale-like
18	Style 5	ハートの気持ち	Hearts feelings
20	Style 6	紙のコラージュ	Paper collage
22	Style 7	ふんわりファンタジー	Funwari fantasy
24	Style 8	きらきら星	Twinkle star
26	Style 9	フラワーガーデン	Flower garden
28	Style 10	チェック柄の生地	Plaid fabric
30	Style 11	シンプルなクラフト紙	Simple kraft paper
32	Style 12	ガーリー&ヨーロピアン	Girly & European

バラの香り
Fragrance of roses

Style 1

Other Colors　B　C

エレガントで落ち着いた雰囲気が漂う綺麗なバラをちりばめました。

A4サイズ背景（作例：ポスター）
S01-01A

名刺サイズ背景
S01-03A

はがきサイズ背景
（作例：ダイレクトメール）
S01-02A

名刺サイズ背景
（作例：クーポン券）
S01-04A

Style 1
Fragrance of roses

KAWAII
01-SERIES
STYLE01

はがきサイズ背景
（作例：ダイレクトメール）
S01-05A

名刺サイズ背景
（作例：ショップカード）
S01-06A

A4サイズ背景（作例：ポスター）
S01-07A

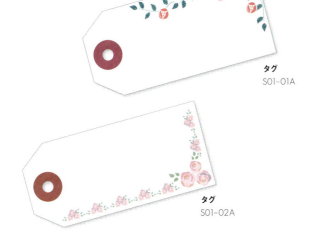

タグ
S01-01A

タグ
S01-02A

One Point Items パーツ

S01-02A
S01-01
S01-03A
S01-04
S01-05
S01-06
S01-07

使用アイテム

082-15
090-26
090-27
095-29
095-30
099-19
099-21
103-11
100-39
105-04
106-02
123-12

フォント：C&Gブーケ、アームド・レモン、あんずもじ、いろはマル Medium、棘丸ゴシック Black

Style 2 ナチュラルボード
Natural board

Other Colors B C

ウッディな背景を使ったナチュラルなスタイル。カラーバリエーションには、木板とコルクがあります。

A4サイズ背景（作例：ポスター）
S02-01A

名刺サイズ背景（作例：ショップカード）
S02-02A

名刺サイズ背景
S02-03A

はがきサイズ背景（作例：POP）
S02-04A

A4サイズ背景（作例：ポスター）
S02-05A

Style 2
Natural board

タグ
S02-01A

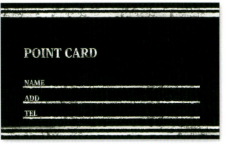
名刺サイズ背景
ポイントカード おもて用
S02-06A

名刺サイズ背景
(作例：ポイントカード うら)
S02-06AN ※名刺のみ

A4サイズ背景
(作例：ポスター)
S02-07A

One Point Items パーツ

フォント：KFひま字、源抜ゴシック、木漏れ日ゴシック、タイムマシンわ号、殴り書きクレヨン、ふい字

Style 3 可愛いレース Other Colors B C
Lovely lace

パステルカラーの背景にレースをあしらったメルヘンなデザインです。

A4サイズ背景（作例：ポスター）
S03-01A

**名刺サイズ背景
ポイントカード おもて用**
S03-02A／AN

**はがきサイズ背景
（作例：ダイレクトメール）**
S03-04A

**名刺サイズ背景
（作例：ポイントカード うら）**
S03-03A

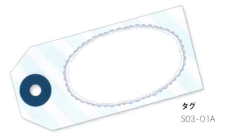

タグ
S03-01A

名刺サイズ背景（作例：ショップカード）
S03-05A

Style 3
Lovely lace

KAWAII
▼
01-SERIES
▼
STYLE03

A4サイズ背景
（作例：ポスター）
S03-06A

名刺サイズ背景
（作例：プライスカード）
S03-07A

名刺サイズ背景
S03-08A

One Point Items　パーツ

S03-01A / S03-02A / S03-03A / S03-04A / S03-05A / S03-06 / S03-07 / S03-08A

使用アイテム

090-24／091-02／091-06／091-08／091-10／091-12／096-15／107-71／107-72／116-11／125-04-04／125-04-08／125-04-17／125-04-11／125-05-13／091-01／091-07／091-09／091-01／091-13／104-06

フォント：ARP OP体B、C&Gブーケ、C&Gれいしっく、KFひま字、源影ゴシック、国鉄っぽいフォント（正体）、ふい字

15

Style 4 **おとぎ話のように**
Fairy-tale-like

Other Colors B C

鉛筆で描いたような模様が西洋アンティークの雰囲気をかもしだしています。

ラベルシール
S04-01A

A4サイズ背景（作例：メニュー）
S04-02A

A4サイズ背景（作例：ポスター）
S04-01A

名刺サイズ背景（作例：ショップカード）
S04-03A

A4サイズ背景（作例：メニュー）
S04-04A

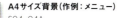

Style 4
Fairy-tale-like

KAWAII
↓
01-SERIES
↓
STYLE04

名刺サイズ背景
S04-05A

はがきサイズ背景
(作例：ダイレクトメール)
S04-06A

タグ
S04-01A

はがきサイズ背景（作例：POP）
S04-07A

One Point Items　パーツ

S04-01　S04-03　S04-04　S04-06
S04-02　　　　S04-05
　　　　　　　S04-07　S04-08

使用アイテム

089-20　091-31

フォント：C&Gれいしっく、ss Pavement、木漏れ日ゴシック、さなフォン飾、しっぽり明朝

Style 5 ハートの気持ち
Hearts feelings

Other Colors B C

ぎゅっとつまったハートと一緒に、あたたかな気持ちも届きそう。

A4サイズ背景（作例：ポスター）
S05-01A

名刺サイズ背景
S05-02A

名刺サイズ背景
ポイントカード おもて用
S05-03A

名刺サイズ背景
（作例：ポイントカード うら）
S05-03AN
※名刺のみ

はがきサイズ背景（作例：ダイレクトメール）
S05-04A

名刺サイズ背景（作例：プライスカード）
S05-05A

タグ
S05-01A

A4サイズ背景（作例：ポスター）
S05-06A

名刺サイズ背景
S05-07A

はがきサイズ背景（作例：POP）
S05-08A

One Point Items パーツ

使用アイテム

フォント：C&Gブーケ、C&Gれいしっく、あんずもじ、源抜ゴシック、木漏れ日ゴシック

紙のコラージュ
Paper collage

Style 6

Other Colors B　C

紙とマスキングテープをいくつも重ねたスタイルです。カジュアルなアイテムにあわせましょう。

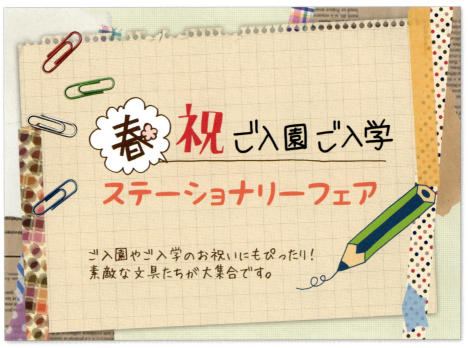

A4サイズ背景（作例：ポスター）
S06-01A

名刺サイズ背景（作例：プライスカード）
S06-02A

**名刺サイズ背景
ポイントカード おもて用**
S06-03A/AN

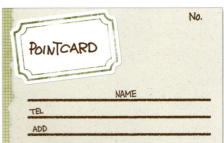

**名刺サイズ背景
（作例：ポイントカード うら）**
S06-04A

Style 6
Paper collage

KAWAII → 01-SERIES → STYLE06

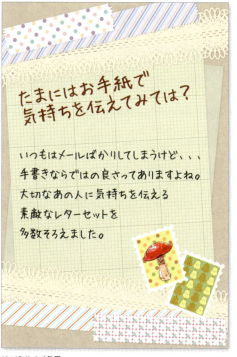

はがきサイズ背景
(作例：POP)
S06-05A

タグ
S06-01A

名刺サイズ背景
S06-06A

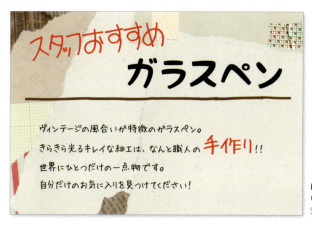

はがきサイズ背景
(作例：POP)
S06-07A

One Point Items　パーツ

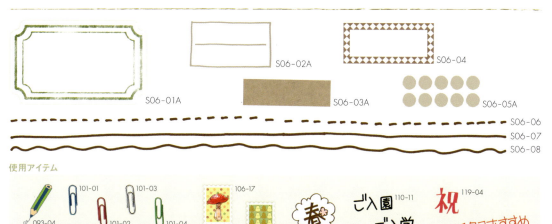

S06-01A　　S06-02A　　S06-04
　　　　　　S06-03A　　S06-05A
S06-06
S06-07
S06-08

使用アイテム
093-04　101-01　101-03　106-17　106-20　110-01　110-11　110-12　119-04　119-10
101-02　101-04
フォント：KFひま字、ふい字

Style 7 ふんわりファンタジー
Funwari fantasy

Other Colors　B　C

ふんわり優しい水彩のタッチが癒やしの雰囲気を演出します。

A4サイズ背景（作例：ポスター）
S07-01A

名刺サイズ背景
S07-02A

名刺サイズ背景
S07-03A

名刺サイズ背景
S07-04A

はがきサイズ背景（作例：リーフレット）
S07-05A

Style 7
Funwari Fantasy

KAWAII
↓
01-SERIES
↓
STYLE07

はがきサイズ背景
S07-06A

Spring おすすめ
朝採り筍　1本
350円
ゆで筍　1本
400円

はがきサイズ背景
（作例：POP）
S07-07A

A4サイズ背景
（作例：MAP）
S07-08A

タグ
S07-01A

One Point Items　パーツ

S07-01
S07-02
S07-03
S07-04
S07-05A
S07-06
S07-07
S07-08

使用アイテム

087-07
088-01
088-24
088-25
088-28
090-22
093-05
093-21
097-15
099-15
110-06

フォント：いろはマル Medium、源暎ロマンのーと

Spring

23

Style 8 きらきら星
Twinkle star

Other Colors B C

散りばめられたたくさんの星がポイントです。

タグ
S08-01A

はがきサイズ背景（作例：ダイレクトメール）
S08-01A

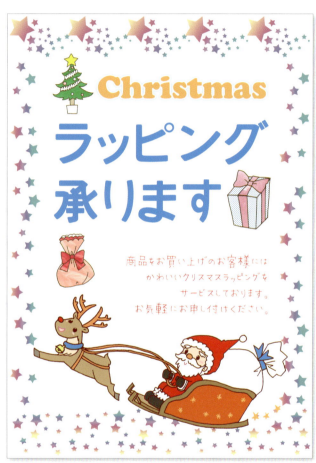

A4サイズ背景（作例：ポスター）
S08-02A

名刺サイズ背景（作例：ショップカード）
S08-03A

Style 8
Twinkle star

KAWAII
▼
01-SERIES
▼
STYLE08

A4サイズ背景（作例：ポスター）
S08-04A

名刺サイズ背景
ポイントカード おもて用
S08-06A

名刺サイズ背景
S08-05A

名刺サイズ背景
（作例：ポイントカード うら）
S08-06AN
※名刺のみ

One Point Items パーツ

S08-01　　S08-02A　　S08-03A
S08-04A

使用アイテム

085-01　085-08　085-11　085-38　Xmas 113-10
085-04　085-06　085-09　085-12　093-05　097-05　Merry Christmas 113-13
Christmas 113-15　SALE 115-10

フォント：ARP OP体B、C&Gれいしっく、KFひま字、源暎ロマンのーと、国鉄っぽいフォント（正体）、仕事メモ書き

25

Style 9

フラワーガーデン
Flower garden

Other Colors　B　　C

春先を思い出させる愛らしい小さな花柄が特徴です。

A4サイズ背景（作例：メニュー）
S09-01A

名刺サイズ背景
ポイントカード おもて用
S09-02A

はがきサイズ背景（作例：POP）
S09-03A

名刺サイズ背景
（作例：ポイントカード うら）
S09-02AN
※名刺のみ

Style 9
Flower garden

KAWAII
01-SERIES
STYLE09

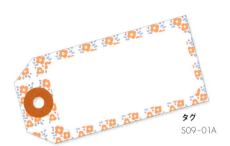

タグ
S09-01A

はがきサイズ背景
（作例：POP）
S09-04A

A4サイズ背景（作例：ポスター）
S09-05A

名刺サイズ背景（作例：ショップカード）
S09-06A

名刺サイズ背景
（作例：席札）
S09-07A

One Point Items パーツ

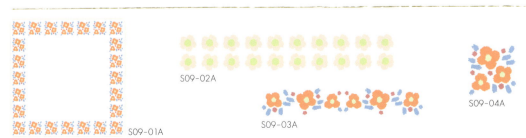

S09-01A S09-02A S09-03A S09-04A

使用アイテム

フォント：C&Gブーケ、C&Gれいしっく、国鉄っぽいフォント（正体）、棘丸ゴシック Black

Style 10
チェック柄の生地
Plaid fabric

Other Colors B C

さわやかなチェック柄の生地をベースに使ったハンドメイドなスタイル。

A4サイズ背景(作例：ポスター)
S10-01A

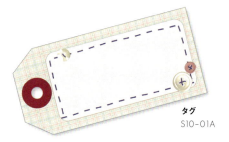

タグ
S10-01A

名刺サイズ背景
S10-02A

はがきサイズ背景
(作例：POP)
S10-03A

はがきサイズ背景(作例：ダイレクトメール)
S10-04A

Style 10
Plaid fabric

KAWAII
01-SERIES
STYLE10

名刺サイズ背景
S10-05A

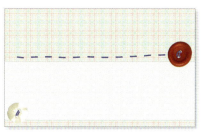

名刺サイズ背景
(作例：プライスカード)
S10-06A

はがきサイズ背景
(作例：POP)
S10-07A

A4サイズ背景(作例：ポスター)
S10-08A

One Point Items パーツ

S10-01A / S10-02A / S10-03 / S10-04 / S10-05 / S10-06 / S10-07 / S10-08 / S10-09 / S10-10 / S10-11

使用アイテム

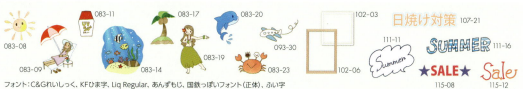

083-08, 083-09, 083-11, 083-14, 083-17, 083-19, 083-20, 083-23, 093-30, 102-03, 102-06, 107-21, 111-11, 111-16, 115-08, 115-12

フォント：C&Gれいしっく、KFひま字、Liq Regular、あんずもじ、国鉄っぽいフォント(正体)、ふい字

Style 11 シンプルなクラフト紙
Simple kraft paper

Other Colors B　C

クラフト紙にモノクロの模様が味のあるデザイン。オールマイティに活躍しそう。

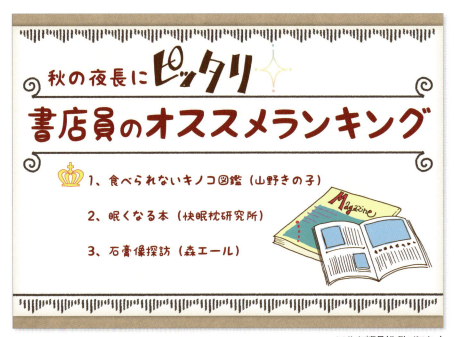

A4サイズ背景（作例：ポスター）
S11-01A

はがきサイズ背景（作例：POP）
S11-02A

はがきサイズ背景（作例：POP）
S11-03A

Style 11
Simple kraft paper

タグ
S11-01A

名刺サイズ背景（作例：ショーカード）
S11-04A

名刺サイズ背景
ポイントカード
おもて用
S11-05A/AN

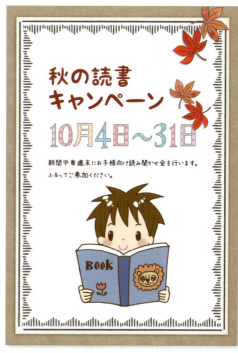

A4サイズ背景（作例：ポスター）
S11-07A

名刺サイズ背景（作例：ポイントカード うら）
S11-06A

One Point Items　パーツ

S11-01

S11-12

S11-03

S11-04

使用アイテム

084-16　084-17　084-20　084-25　087-13　096-26　096-27　097-22　097-28　117-18　118-19　127-49　125-01-01　125-01-03　125-01-04　125-01-11　125-01-17　125-02-00　125-02-01　125-02-17

フォント：KFひま字、あんずもじ

Style 12 ガーリー＆ヨーロピアン
Girly & European

Other Colors B C

上品な雰囲気の洋風飾りとリボンのあしらいが女の子らしいシリーズです。

A4サイズ背景（作例：ポスター）
S12-01A

はがきサイズ背景（作例：リーフレット）
S12-02A

名刺サイズ背景（作例：ポイントカードおもて）
S12-03A

名刺サイズ背景（作例：ポイントカードうら）
S12-03AN ※名刺のみ

はがきサイズ背景（作例：ダイレクトメール）
S12-04A

名刺サイズ背景
（作例：ショップカード）
S12-06A

名刺サイズ背景
S12-05A

名刺サイズ背景
S12-07A

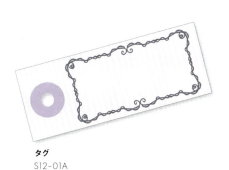

タグ
S12-01A

A4サイズ背景
（作例：大判POP）
S12-08A

One Point Items パーツ

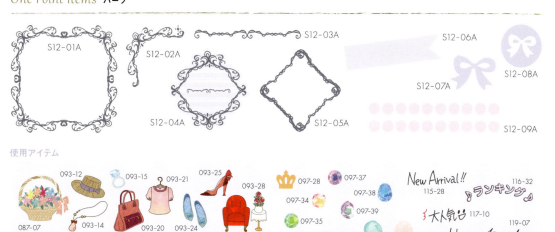

使用アイテム

フォント：C&Gれいしっく、KFひま字、木漏れ日ゴシック、さなフォン飾、しっぽり明朝

ぴったりの1枚が必ずみつかる
背景素材カタログ

背景素材は名刺、はがき、A4（ポスター）の3つのサイズから選ぶことができます。
通年使えるものから季節にあったものまでさまざまなテイストがそろっているので、
お好みのものを選びましょう。

36	All Season	オールシーズン
64	Spring	春
66	Summer	夏
68	Autumn	秋
70	Winter	冬
72	Pattern	パターン柄
76	COLUMN	素材の活用アイデア&ヒント

背景素材
All Seasons

背景素材は「名刺／はがき／A4（ポスター）」の3サイズがあり、サイズごとのフォルダに分かれて収録されています。ここでは、はがきを掲載していますが、サイズによってデザインが多少異なる場合があります。

使用アイテム：いろはマル Medium

001A
001B
001C

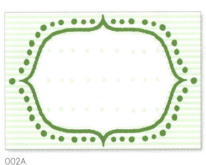

002A

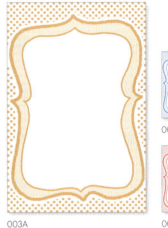

003A

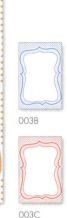

003B
003C

002B　002C

使用アイテム：しっぽり明朝、MSゴシック／085-11、090-03

005A

004A

004B

004C

005B

005C

使用アイテム：120-31

006A

006B

006C

007A

007B

007C

008A

008B　008C

009A

009B

009C

010A

010B　010C

011A

011B

011C

背景素材

KAWAII

02-CARD

036-037

37

背景素材
All Seasons

背景素材は「名刺／はがき／A4（ポスター）」の3サイズがあり、サイズごとのフォルダに分かれて収録されています。ここでは、はがきを掲載していますが、サイズによってデザインが多少異なる場合があります。

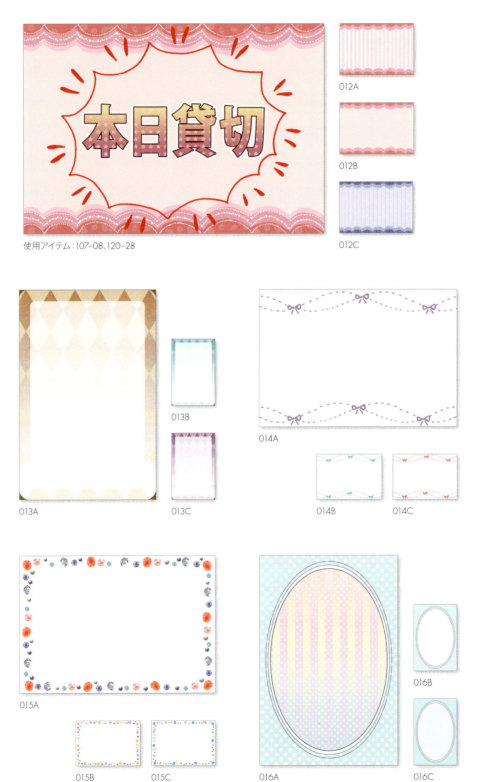

使用アイテム：107-08、120-28

012A
012B
012C
013A
013B
013C
014A
014B
014C
015A
015B
015C
016A
016B
016C

017A

018A
018B

017B 017C 018C

背景素材
KAWAII
02-CARD
038-039

019A

使用アイテム：MSゴシック／121-04

019B
019C

020A 020B 020C

使用アイテム：いろはマル Medium、KFひま字、国鉄っぽいフォント（正体）
／083-19、093-10、093-30、107-16、110-22

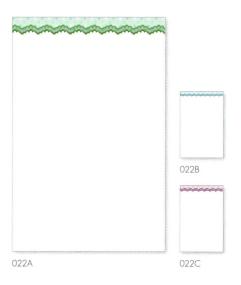
022A

021A 021B 021C

022B
022C

39

背景素材
All Seasons

背景素材は「名刺／はがき／A4（ポスター）」の3サイズがあり、サイズごとのフォルダに分かれて収録されています。ここでは、はがきを掲載していますが、サイズによってデザインが多少異なる場合があります。

使用アイテム：あんずもじ

素敵なお店を演出する こだわり素材がいっぱい！

かわいくて使える素材、4600点以上収録！

POPのサンプルや素材の活用アイデアなどディスプレイの参考書としても活用できます。

使用アイテム：あんずもじ、源暎ゴシック、国鉄っぽいフォント（正体）／094-12、095-21、107-13、115-23、S03-06

029A

029B

029C

背景素材

KAWAII

02-CARD

040-041

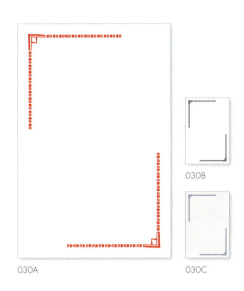

030A

030B

030C

使用アイテム：あんずもじ、国鉄っぽいフォント（正体）／086-07、086-12、087-21、110-04

031A

031B

031C

032A

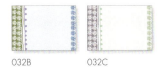

032B　032C

033A

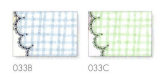

033B　033C

41

背景素材は「名刺／はがき／A4（ポスター）」の3サイズがあり、サイズごとのフォルダに分かれて収録されています。ここでは、はがきを掲載していますが、サイズによってデザインが多少異なる場合があります。

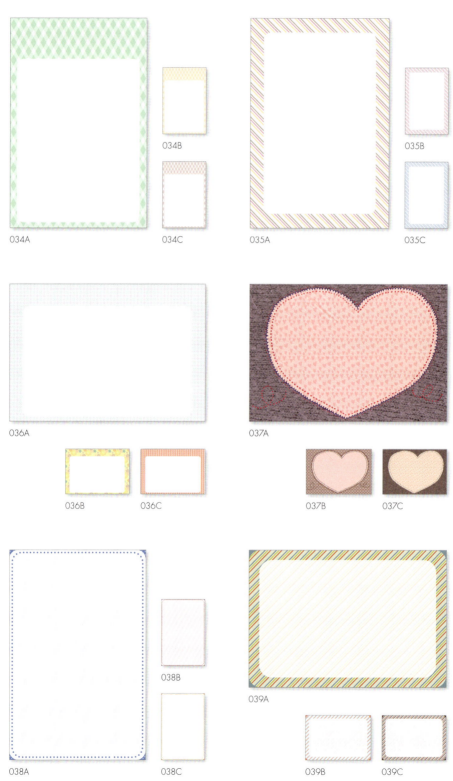

040A

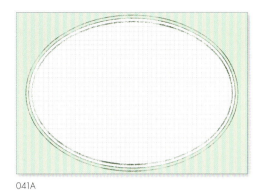
041A

040B

040C

041B　041C

背景素材
KAWAII
02-CARD
042-043

使用アイテム：しっぽり明朝、しろくまフォント／084-17

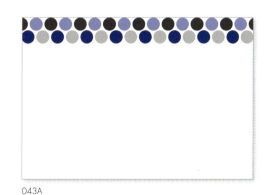
043A

042A

042B

042C

043B

043C

使用アイテム：KFひま字／084-16、107-43

044A

044B

044C

43

Sample

POPやポスターを作る時は、イベント内容やその場のテイストを意識しましょう。
背景素材にはさまざまなテイストと3つのカラーバリエーションがあるので
ぴったりの1枚が見つかるはず。

背景素材
All Seasons

背景素材は「名刺／はがき／A4（ポスター）」の3サイズがあり、サイズごとのフォルダに分かれて収録されています。ここでは、はがきを掲載していますが、サイズによってデザインが多少異なる場合があります。

045A

046A

045B　045C

046B

046C

047A

048A

047B　047C

048B

048C

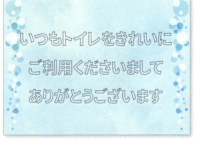

いつもトイレをきれいに
ご利用くださいまして
ありがとうございます

使用アイテム：源抜ゴシック

050A

049A　049B　049C

050B　050C

46

Cafe
GREEN

03-1234-5678
火～日 10:00～19:00
（定休日は月曜）

使用アイテム：あおぞら明朝 Bold、いろはマル Medium／
091-22、107-66

051A

051B

051C

052A

052B

052C

背景素材

KAWAII

02-CARD

046-047

053A

053B

053C

054A

054B

054C

055A

055B

055C

47

背景素材は「名刺／はがき／A4（ポスター）」の3サイズがあり、サイズごとのフォルダに分かれて収録されています。ここでは、はがきを掲載していますが、サイズによってデザインが多少異なる場合があります。

使用アイテム：源影ゴシック、タイムマシンわ号／093-32、096-17、102-08、106-25

49

背景素材は「名刺／はがき／A4（ポスター）」の3サイズがあり、サイズごとのフォルダに分かれて収録されています。ここでは、はがきを掲載していますが、サイズによってデザインが多少異なる場合があります。

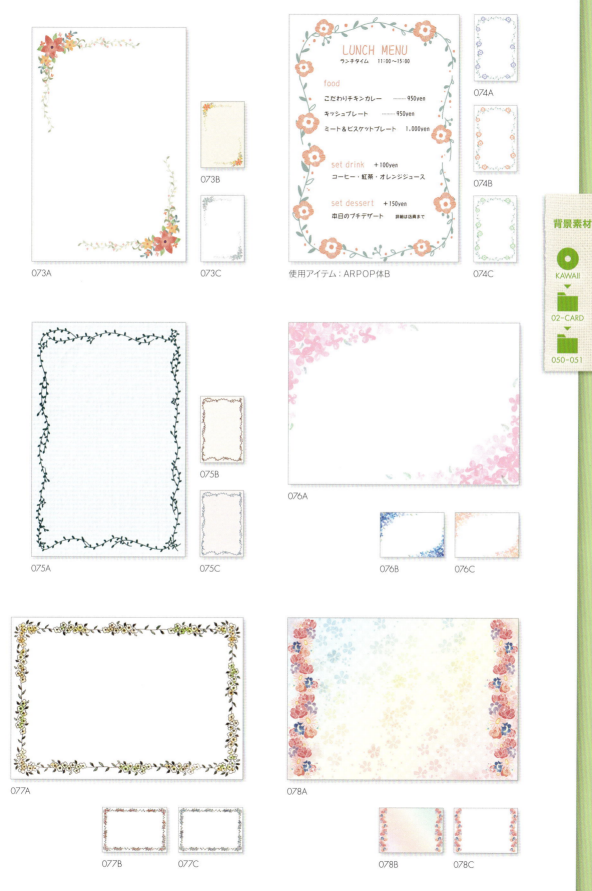

073A 073B 073C
使用アイテム：AR POP体B
074A 074B 074C
075A 075B 075C
076A 076B 076C
077A 077B 077C
078A 078B 078C

51

背景素材
All Seasons

背景素材は「名刺／はがき／A4（ポスター）」の3サイズがあり、サイズごとのフォルダに分かれて収録されています。ここでは、はがきを掲載していますが、サイズによってデザインが多少異なる場合があります。

079A　079B　079C　　080A / 080B / 080C

使用アイテム：いろはマル Medium、木漏れ日ゴシック

081A　081B　081C　　082A　082B　082C

083A　083B　083C　　084A　084B　084C

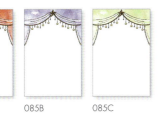

使用アイテム：あおぞら明朝 Bold、KFひま字

085A　　085B　　085C

086A

086B　　086C

背景素材

KAWAII
▼
02-CARD
▼
052-053

使用アイテム：C&Gブーケ、ふい字

087A　　087B　　087C

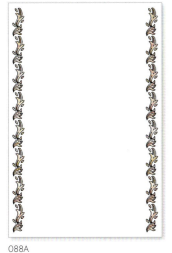

088A

088B

088C

089A

089B

089C

Sample

苦労して作ったPOPのデザインが実際に貼り付けてみたら大きすぎたり、
小さすぎてスカスカだったりしたことはありませんか？
設置場所をあらかじめ確認してから用紙サイズを決めれば、貼り付け時にも困ることはありません。

背景素材
All Seasons

背景素材は「名刺／はがき／A4（ポスター）」の3サイズがあり、サイズごとのフォルダに分かれて収録されています。ここでは、はがきを掲載していますが、サイズによってデザインが多少異なる場合があります。

090A
090B
090C

使用アイテム：いろはマル Medium、MSゴシック／091-21

091A　091B　091C　092A　092B　092C

093A　093B　093C　094A　094B　094C

56

使用アイテム：しっぽり明朝、しろくまフォント／113-20

背景素材

KAWAII

02-CARD

056-057

背景素材
All Seasons

背景素材は「名刺／はがき／A4（ポスター）」の3サイズがあり、サイズごとのフォルダに分かれて収録されています。ここでは、はがきを掲載していますが、サイズによってデザインが多少異なる場合があります。

使用アイテム：あんずもじ／090-22

106A

106B　106C

使用アイテム：あおぞら明朝 Bold／087-18、102-02

108A

108B

108C

107A　107B　107C

109A 109B 109C の横 / 110A

109A

109B

109C

使用アイテム：C&Gブーケ、あんずもじ、
　　　　　　国鉄っぽいフォント（正体）／
　　　　　　083-05、083-06、120-05

110A

110B　110C

背景素材
KAWAII
02-CARD
058-059

59

背景素材
All Seasons

背景素材は「名刺／はがき／A4（ポスター）」の3サイズがあり、サイズごとのフォルダに分かれて収録されています。ここでは、はがきを掲載していますが、サイズによってデザインが多少異なる場合があります。

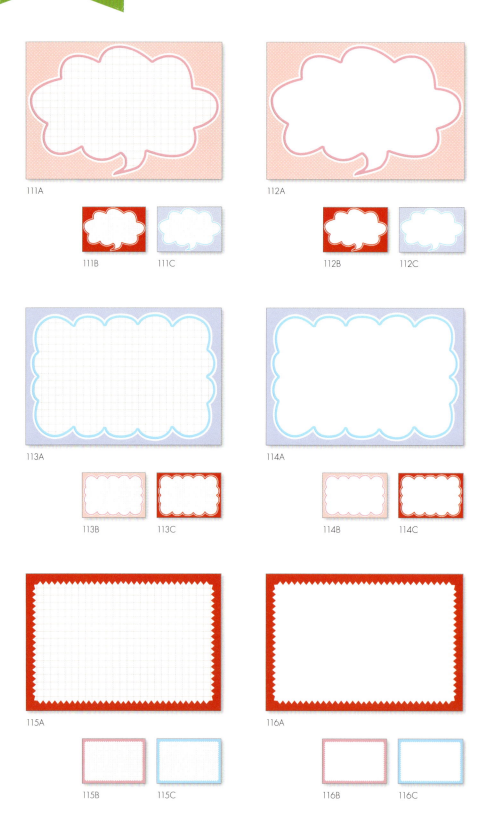

使用アイテム：ARPOP体B、KFひま字／094-11、名刺112A

117A

117B

117C

背景素材
KAWAII
02-CARD
060-061

118A / 118AN

※ファイル名に「N」の付いた素材は、文字なし版も収録しています。

118B / 118BN

118C / 118CN

119A

119B　　119C

120A

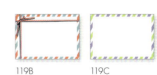

ふわふわ

ミルクシフォン

ミルクたっぷりのシフォン生地に
ミルククリームをたっぷり詰めました

1カット
380 円

使用アイテム：ARPOP体B、いろはマル Medium、
MSゴシック／095-32、107-09

120B

120C

121A　　121B　　121C

61

Sample

季節のデザインはセールや
イベントポスターに最適です。
パターン柄は
ミニサイズのラッピング用包装紙としても
お使いいただけて便利です。

背景素材
Spring

背景素材は「名刺／はがき／A4（ポスター）」の3サイズがあり、サイズごとのフォルダに分かれて収録されています。ここでは、はがきを掲載していますが、サイズによってデザインが多少異なる場合があります。

使用アイテム：あおぞら明朝　Bold、あんずもじ、KFひま字、MSゴシック／082-15、097-17、097-20、097-21、097-26

128A

128B

128C

背景素材
KAWAII
02-CARD
064-065

129A

129B

129C

130A

130B　130C

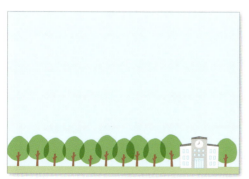
131A

131B　131C

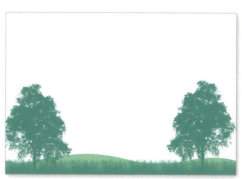
132A

132B

132C

65

背景素材
Summer

背景素材は「名刺／はがき／A4（ポスター）」の3サイズがあり、サイズごとのフォルダに分かれて収録されています。ここでは、はがきを掲載していますが、サイズによってデザインが多少異なる場合があります。

133A

133B　133C

使用アイテム：あおぞら明朝 Bold、木漏れ日ゴシック／097-12, 097-13, 099-10

134A

134B　134C

135A　135B　135C

136A

136B

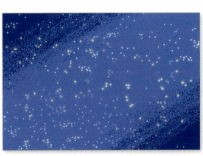
137A

136C

使用アイテム：しっぽり明朝／121-03

137B　137C

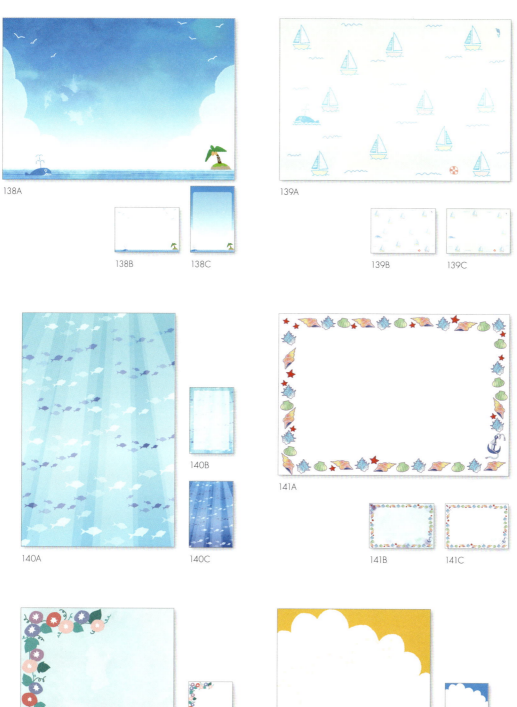

背景素材

KAWAII
02-CARD
066-067

背景素材
Autumn

背景素材は「名刺／はがき／A4（ポスター）」の3サイズがあり、サイズごとのフォルダに分かれて収録されています。ここでは、はがきを掲載していますが、サイズによってデザインが多少異なる場合があります。

使用アイテム：いろはマル Medium、棘丸ゴシック Black ／084-03、084-13、102-15、112-15

144A

144B

144C

145A

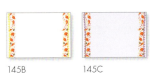
145B　　145C

146A

146B

146C

147A

147B

147C

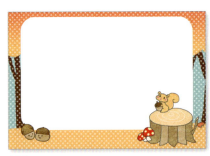
148A

148B

148C

68

149A 149B 149C

150A 150B 150C

背景素材
KAWAII
02-CARD
068-069

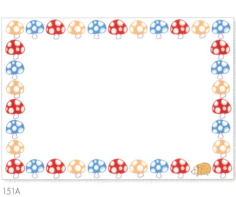
151A

151B 151C

152A 152B 152C

153A

153B 153C

154A

154B 154C

69

背景素材
Winter

背景素材は「名刺／はがき／A4（ポスター）」の3サイズがあり、サイズごとのフォルダに分かれて収録されています。ここでは、はがきを掲載していますが、サイズによってデザインが多少異なる場合があります。

155A

使用アイテム：木漏れ日ゴシック／085-04、085-08、085-09、085-10、107-14、113-13、120-27

155B　155C

156A　156B　156C

157A

157B

157C

158A

158B　158C

159A

159B

159C

160A

160B

160C

161A

161B　　161C

162A

162B

162C

背景素材
KAWAII
02-CARD
070-071

163A

163B　　163C

164A

164B

164C

使用アイテム：あおぞら明朝 Bold、C&Gブーケ、しっぽり明朝、タイムマシンわ号

165A　　165B　　165C

71

背景素材
Pattern

背景素材は「名刺／はがき／A4（ポスター）」の3サイズがあり、サイズごとのフォルダに分かれて収録されています。ここでは、はがきを掲載していますが、サイズによってデザインが多少異なる場合があります。

背景素材
Pattern

背景素材は「名刺／はがき／A4（ポスター）」の3サイズがあり、サイズごとのフォルダに分かれて収録されています。ここでは、はがきを掲載していますが、サイズによってデザインが多少異なる場合があります。

184A

184B

184C

185A

185B

185C

186A

186B

186C

187A

187B

187C

背景素材

KAWAII

02-CARD

074-075

パターン柄の使い方

パターン柄はチラシやPOP、名刺などの販促ツールの背景として使うほか、
A4サイズならラッピングやブックカバーなどにも活用できます。

ラッピング

プチギフト用の小さいものなら背景素材で十分包むことができます。フチなし印刷をして、包装紙として活用してみましょう。

パーツ素材のラベルにリボンを貼ってギフトシールのできあがり。

ブックカバー

文庫や新書サイズのブックカバーとしても使用できます。

シリーズ素材やパーツ素材のタグをしおり代わりに添えれば素敵なギフトにも。

素材の活用アイデア&ヒント

収録素材はオーソドックスなPOPやポスター以外にも、アイデア次第でさまざまな活用ができます。ここでは店内やお部屋飾りのアイデアを中心にした活用方法を紹介します。

ガーランドアイデア

●王道の三角ガーランド●

① A4サイズに印刷した紙を縦半分で切り、さらに半分に折る。

② 図のように開いたときにひし形になるように斜線部分を切る。

③ ヒモをはさんで固定する。

同じ柄でまとめるのもよいですが、いろいろ組み合わせても素敵。
同系色でまとめるなど、共通点を持たせて選びましょう。

●しずく型ガーランド●

しずくの形に切って、裏にヒモをテープでとめる。

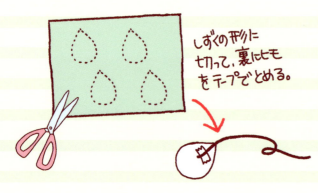

● イラストガーランド ●

イラストをプリントして
切りぬく。
型ぬきもかわいいですが、
丸や四角にすると切るのが
カンタン。

縦に吊るしてもかわいい！
スペースに合わせて使い分けましょう。

● 立体のガーランド ●

①
プリントしたA4の背景素材を
貼り合わせる。

②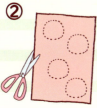
丸く切りぬく。

③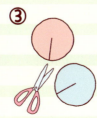
中心まで
切り込みを入れる。

④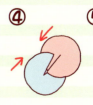
切り込みを
入れたところを
組み合わせる。

⑤
ヒモで好きな数を
つなげる。

マスキングテープで壁を飾るアイデア

マスキングテープで
枠を作り、
展示コーナーを作る。
その中にポスターやPOPを
掲示する。

直接マスキングテープで
POPやメニューを壁に
貼りつけてもおしゃれ！

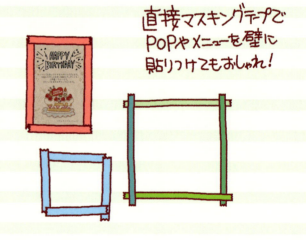

ピンチで吊るす

壁に張ったヒモにピンチで
写真やPOPをレイアウトするのもかわいい。

黒板を使った立体POP

ミニ黒板に
切りぬいたふきだしのPOPを
貼りつけると立体的なPOPに。

① イラストをプリントして
切りぬく。

②

ミニイーゼルに
のせるとかわいい。

メニュー表アイデア

A4サイズのメニュー表を作り、
バインダーではさむと丈夫で簡単。

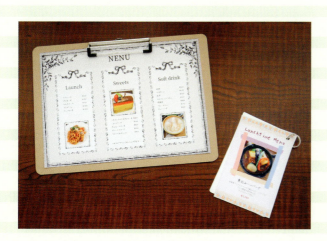

① ハガキサイズに
プリントして、
角に穴を開ける。

ファイル用
リング

② リングでとめる。

1つのメニューを詳しく紹介できる
めくるタイプのメニュー表。

紙にこだわってみよう

用紙を変えてみるだけで、POPやポスターのできあがりの印象が変わります。普通紙で簡単に済ませるのもよいですが、ちょっと用紙をこだわってみると目を惹く1枚になりますよ。

光沢紙
表面に光沢がかったツヤがあるのが特徴。くっきりはっきり印刷でき、高級感を演出します。写真がきれいに印刷されるので、写真付きPOPなどにどうぞ。

インクジェットプリンター用紙
家庭用のプリンター向けに表面にインクが定着しやすい加工がされています。普通紙やコピー用紙からこちらに変更するだけで、明るくくっきりと印刷できます。

クラフト紙などの色付き
紙の色が仕上がりに影響します。例えばクラフト紙なら全体が茶色がかったナチュラルな印象に。こだわりのチラシやメニュー表などに最適。

普通紙／コピー用紙
ぼんやりと印刷されがち。値段が安いので、大量に作る必要があるものや試し刷りにおすすめ。

※使いたい用紙に合わせてプリンターの印刷設定を変更しましょう。厚手の紙など、ものによっては印刷できないプリンターもあるので、あらかじめプリンターや用紙のマニュアルをご確認ください。

そのほか用紙いろいろ

インクジェット用厚紙	丈夫なため立体POPやカードなどを作るときに便利。
エンボス加工	表面に凹凸の加工がされているので、独特な雰囲気に。ショップカードなど、こだわりたい時に。
和紙	お正月や和テイストのものにオススメ。光沢感のある繊維や、カラフルな切り紙がちりばめられた紙など種類が豊富。

82	**イラストパーツ**
82	Spring/Summer
84	Autumn/Winter
86	Flower
88	Green & Fruit
90	Sweets & Drink
92	Kitchen & Goods
94	Character
96	Mark & Symbol
98	**プラスワンパーツ**
98	Memo & Label
100	Tape & Collage
102	Frame
104	Hand drawing & Line
106	Gift seal & Etc
110	**文字パーツ**
110	Spring/Summer
112	Autumn/Winter
114	Keyword
124	Address & Number
126	Alphabet & Kana
128	**フォント見本帳**

組み合わせ自由自在
パーツ素材カタログ

オリジナルのPOP作りに欠かせないイラスト、プラスワン、文字素材とフォント見本帳です。
背景素材と組み合わせて自分だけの素敵なPOPを作りましょう。

イラスト
パーツ
Flower

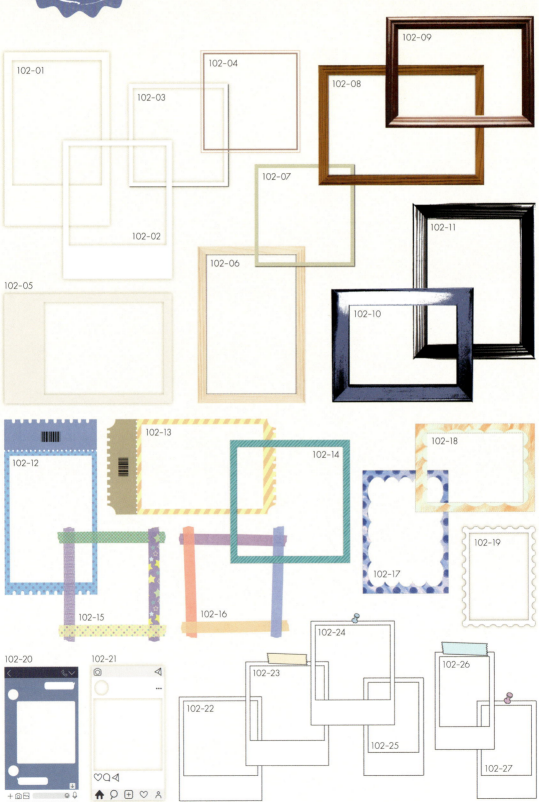

プラスワン パーツ
Hand drawing & Line

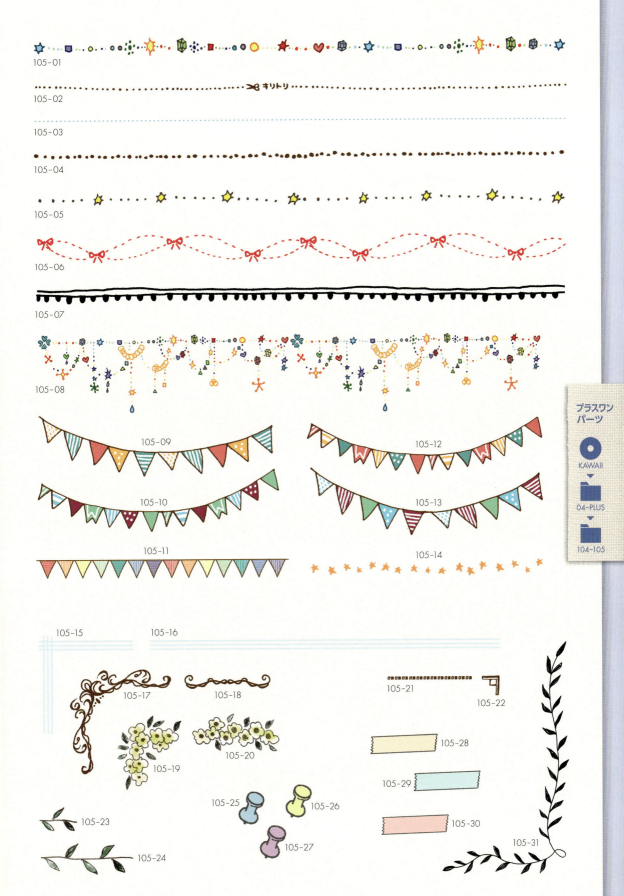

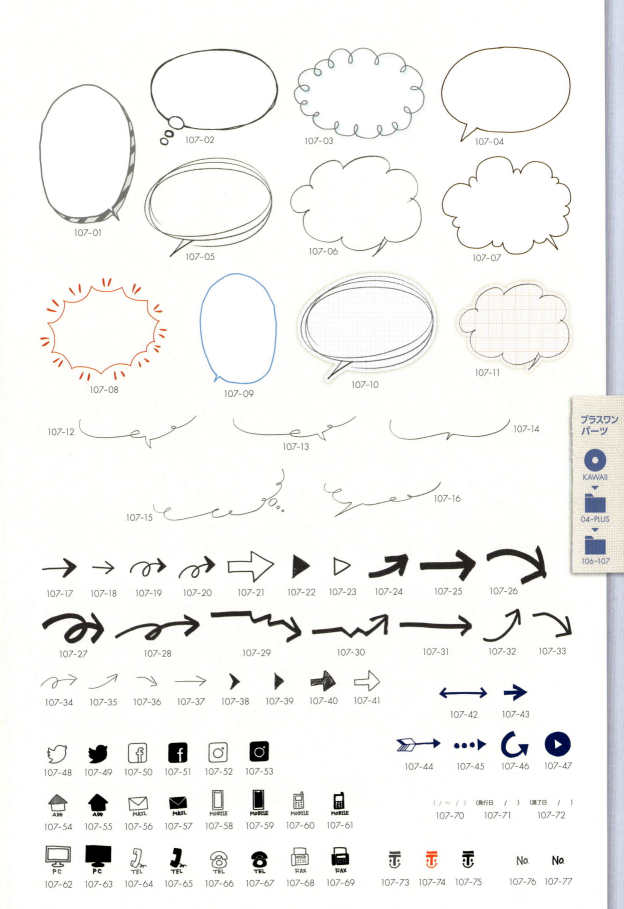

Sample

POPやポスターを目立たせたいときは、イラストをワンポイントにあしらってみましょう。
味気なかったデザインも目を惹く1枚になり、視認率アップに。
切り抜いて直接壁や看板などに飾り付けてもよいでしょう。

文字パーツ
Spring / Summer

110-01

SPRING
110-03

Spring
110-04

春
110-02

スプリング
110-05

Spring
110-06

ホワイトデー
110-07

White day
110-08

ホワイトデー
110-09

ひなまつり
110-10

ご入園
110-11

新生活応援
110-13

新生活応援
110-14

ご入学
110-12

花粉症対策
110-15

花粉症対策
110-16

お花見
110-18

お花見
110-17

さくらフェア
110-19

GW
110-20

GW
110-21

ゴールデンウィーク
110-22

こどもまつり
110-23

母の日
110-24

Mother's day
110-26

Mother's day
110-25

Mother's day
110-27

おかあさんありがとう
110-28

父の日
110-29

父の日
110-30

おとうさんありがとう
110-31

Father's day.
110-32

110

梅雨
111-01

雨の日
111-02

ハッピーウエディング
111-03

Wedding
111-04

111-05

七夕セール
111-06

七夕祭り
111-07

SummerGift
111-08

夏
111-09

111-11

サマー
111-13

お中元
111-14

夏
111-10

SUMMER
111-12

夏物
111-15

111-16

夏季限定
111-17

暑中お見舞い申し上げます
111-18

残暑お見舞い申し上げます
111-19

夏祭り
111-20

日焼け対策
111-21

ひんやり
111-22

暑中お見舞い申し上げます
111-23

残暑お見舞い申し上げます
111-24

夏休み
111-25

夏休み
111-26

夏季休業のお知らせ
111-27

文字パーツ
KAWAII
05-MOJI
110-111

文字パーツ
Autumn / Winter

112-01

112-02

112-03

112-04

オータム
112-05

AUTUMN
112-06

敬老の日
112-07

ハロウィーン
112-12

敬老の日
112-08

敬老の日
112-09

Halloween
112-13

おじいちゃん おばあちゃん ありがとう
112-10

Happy Halloween
112-14

Halloween
112-15

おじいちゃん おばあちゃん ありがとう
112-11

ハッピー ハロウィーン
112-16

スポーツの秋
112-17

スポーツの秋
112-18

いい夫婦の日
112-19

グルメの秋
112-21

グルメの秋
112-22

いい夫婦の日
112-20

秋の味覚
112-24

秋の収穫祭
112-23

秋の味覚
112-25

Winter
113-01

WINTER
113-02

Winter
113-03

WINTER
113-04

ウィンター
113-05

冬
113-06

冬
113-07

冬物
113-08

冬季限定
113-09

Xmas
113-10

Xmas
113-11

クリスマス
113-12

Merry Christmas
113-13

Merry Christmas
113-14

Christmas
113-15

Merry Christmas
113-16

冬休み
113-17

お歳暮ギフト
113-18

お正月
113-19

新春
113-20

あけましておめでとうございます
113-21

あけましておめでとうございます
113-22

お年玉
113-23

Happy New year
113-24

新春初売セール
113-25

福袋
113-26

謹賀新年
113-27

HAPPY NEW YEAR
113-28

寒中お見舞い申し上げます
113-29

年末年始休業のお知らせ
113-30

寒中お見舞い申し上げます
113-33

あけましておめでとうございます
113-34

節分フェア
113-31

バレンタインデー
113-32

VALENTINE'S DAY
113-35

バレンタインデー
113-36

あったか
ぽかぽか
113-37

St. Valentine's day
113-38

113-39

文字パーツ
Keyword

114-01

114-02

114-03

114-04

114-06

114-07

114-08

114-05

114-09

114-10

114-11

114-13

114-15

114-12

114-14

114-17

114-23

114-16

114-19

114-21

114-22

114-25

114-18

114-24

114-26

114-20

114-27

114-28

114-29

114-31

114-30

114-32

114-33

114-34

114-35

114-38

114-39

114-36

114-37

114-40

114-41

SALE
115-01

Sale
115-03

SALE
115-04

SALE
115-02

SALE
115-05

SALE
115-06

SALE
115-07

★SALE★
115-08

Sale
115-09

SALE
115-10

SALE
115-11

Sale
115-12

115-13

115-14

No.1
115-15

激安！
115-16

ナンバー1
115-17

No.1
115-18

安い!
115-19

No.1
115-20

115-21

New
115-22

新入荷
115-25

NEW
115-26

New Arrival
115-27

新商品
115-29

新発売
115-30

115

文字パーツ
Keyword

まつり
116-01

祭り
116-02

まつり
116-03

まつり
116-04

フェア
116-05

フェア
116-06

フェア
116-07

バーゲン
116-08

感謝祭
116-13

OPEN
116-09

OPEN
116-10

New Open
116-11

オープン
116-12

サービスデー
116-14

サービスデー
116-15

Time Sale
116-16

Time Sale
116-17

Time Sale
116-18

OK!
116-19

OK!
116-20

Pick up
116-21

注目
116-22

ランチタイム
サービス
116-23

プライス
ダウン↓↓
116-24

プライスダウン
116-25

Collection
116-26

お買い得!
116-29

本日限り
116-27

効果あり!
116-28

在庫処分
116-30

入荷しました
116-31

ランキング
116-32

Special 117-01

Special 117-02

117-03

大人気 117-04

定番 117-05

定番 117-06

117-07

大人気 117-08

売れてます 117-09

117-10

大人気 117-11

売れてます 117-12

ロングセラー 117-13

人気商品 117-14

人気商品 117-15

期間限定 117-16

人気商品 117-17

人気作家 117-18

掲載商品 117-19

話題の品 117-20

人気作家 117-21

品切れ 117-22

SOLD OUT 117-23

品切れ 117-24

売り切れました 117-25

Sold out 117-26

117

文字パーツ
Keyword

- 可愛い 118-01
- かわいい 118-02
- かわいい 118-03
- カワイイ 118-04
- かわいい 118-05
- 大人かわいい 118-06
- 大人かわいい 118-07
- おしゃれ 118-08
- Sweet 118-09
- あま〜い 118-10
- 美味しい 118-11
- おいしい 118-12
- 癒やし 118-13
- Natural 118-14
- Natural 118-15
- シンプル 118-16
- ナチュラル 118-17
- エコ 118-18
- ピッタリ 118-19
- eco 118-20
- スキンケア 118-21
- ダイエット 118-22
- 雑貨 118-23
- 趣味 118-24
- アイテム 118-25
- 贈り物 118-26
- SNSで話題 118-27
- SNSで話題 118-28
- ネットで反響 118-29
- ネットで反響 118-30
- インスタ映え 118-31
- インスタ映え 118-32

おめでとう
119-01

おめでとうございます
119-03

おめでとう
119-02

Happy Birthday
119-06

祝
119-04

Congratulations
119-05

Happy Birthday
119-07

Happy Birthday
119-08

バースデー
119-09

スタッフおすすめ
119-10

シェフおすすめ
119-11

本日のおすすめ
119-12

本日のおすすめ
119-14

本日のおすすめ
119-13

おすすめランチ
119-15

119-16

おすすめ
119-17

おすすめ
119-18

オススメ
119-19

オススメ
119-20

おすすめ
119-21

店長オススメ
119-22

店長おすすめ
119-23

スタッフおすすめ
119-24

文字パーツ
Keyword

受付中！ 120-01

受付中 120-02

募集中!! 120-03

キャンペーン 120-04

キャンペーン 120-05

開催！ 120-07

実施中 120-06

開催！ 120-08

パート・アルバイト 募集中 120-09

メール会員募集中 120-17

スタッフ募集中 120-10

Lesson 120-15

生徒募集 120-11

レッスン 120-13

レッスン 120-14

Lesson 120-16

生徒募集 120-12

ご予約受付中 120-19

ご紹介キャンペーン 120-21

ご予約 120-18

ご予約受付中！ 120-20

ご紹介キャンペーン 120-22

故障中 120-24

プレゼントキャンペーン 120-25

配送承ります 120-23

ご自由にお持ちください 120-26

ギフトラッピング承ります 120-27

本日貸切 120-28

テイクアウトできます 120-29

TAKE OUT OK! 120-30

各種パーティー承ります ご相談ください 120-31

セルフサービスに
ご協力ください
121-01

節電に
ご協力お願いします
121-02

節水に
ご協力ください
121-03

No SMOKING
121-04

禁煙
121-05

Wi-Fi使えます
121-06

Wi-Fi使えます
121-07

........で
紹介されました！
121-08

駐輪禁止
121-09

駐車禁止
121-10

レジ袋不要！
121-11

リニューアル OPEN
121-12

移転の お知らせ
121-13

毎月　　日は
121-14

　　　の日
121-15

ポイント　倍
121-16

おかわり無料
121-17

自家製
121-19

焼きたて
121-21

本日のランチ
121-18

天然素材
121-20

旬の味覚
121-23

Drink
121-24

産地直送
121-22

ギフト
121-25

Gift
121-26

GIFT
121-27

フラワーギフト
121-28

Keyword
文字パーツ

Thank you
122-01

122-02

THANK YOU♥
122-03

THANK YOU
122-04

THANK YOU
122-05

Thank you
122-06

FOR YOU
122-07

for you
122-08

Thanks
122-09

Thanks
122-10

ありがとう
122-11

ありがとう
122-12

Happy
122-13

Happy
122-14

Happy
122-15

PointCard
122-16

POINT CARD
122-17

POINTCARD
122-18

COUPON
122-19

coupon
122-20

COUPON
122-21

Coupon 122-22

★Coupon★
122-23

Invitation
122-24

MENU
122-25

文字パーツ
Address & Number

Point Card
124-01

Name
124-02

〒
124-03

Add
124-04

Mail
124-05

No.
124-06

Tel
124-07

Fax
124-08

Point Card
124-09

Name
124-10

〒
124-11

No.
124-12

Mail
124-13

Add
124-14

Tel
124-15

Fax
124-16

Point Card
124-17

No.
124-18

Name
124-19

Tel
124-20

Fax
124-21

Add
124-22

〒
124-23

Mail
124-24

Point Card
124-25

ADD
124-26

NAME
124-27

MAIL
124-29

TEL
124-28

POINT CARD
124-30

ADD
124-31

NAME
124-32

TEL
124-33

Point Card
124-34

Name
124-35

Add
124-36

〒
124-37

Tel/Fax
124-38

Mail
124-39

メンバーズカード
124-40

お名前
124-41

ご住所
124-42

電話
124-43

名刺サイズ背景用の文字パーツ

ポイントカードや、クーポン券用の文字パーツです。
画像サイズが名刺サイズ背景用に小さくなっているものがあります。

同じ書体でセットになっているものは
ポイントカード作りなどに最適です。

0 1 2 3 4 5 6 7 8 9 %
125-01-00 125-01-01 125-01-02 125-01-03 125-01-04 125-01-05 125-01-06 125-01-07 125-01-08 125-01-09 125-01-10

月 火 水 木 金 土 日 （ ） 祝 ¥ 円
125-01-11 125-01-12 125-01-13 125-01-14 125-01-15 125-01-16 125-01-17 125-01-18 125-01-19 125-01-20 125-01-21 125-01-22

※125-01-00～125-01-22の素材はファイル名の末尾に「M」の付いたモノクロ版も収録しています。

0 1 2 3 4 5 6 7 8 9 %
125-02-00 125-02-01 125-02-02 125-02-03 125-02-04 125-02-05 125-02-06 125-02-07 125-02-08 125-02-09 125-02-10

月 火 水 木 金 土 日 （ ） 祝 ¥ 円
125-02-11 125-02-12 125-02-13 125-02-14 125-02-15 125-02-16 125-02-17 125-02-18 125-02-19 125-02-20 125-02-21 125-02-22

0 1 2 3 4 5 6 7 8 9 %
125-03-00 125-03-01 125-03-02 125-03-03 125-03-04 125-03-05 125-03-06 125-03-07 125-03-08 125-03-09 125-03-10

月 火 水 木 金 土 日 （ ） 祝 ¥ 円
125-03-11 125-03-12 125-03-13 125-03-14 125-03-15 125-03-16 125-03-17 125-03-18 125-03-19 125-03-20 125-03-21 125-03-22

0 1 2 3 4 5 6 7 8 9 %
125-04-00 125-04-01 125-04-02 125-04-03 125-04-04 125-04-05 125-04-06 125-04-07 125-04-08 125-04-09 125-04-10

月 火 水 木 金 土 日 （ ） 祝 ¥ 円
125-04-11 125-04-12 125-04-13 125-04-14 125-04-15 125-04-16 125-04-17 125-04-18 125-04-19 125-04-20 125-04-21 125-04-22

0 1 2 3 4 5 6 7 8 9 %
125-05-00 125-05-01 125-05-02 125-05-03 125-05-04 125-05-05 125-05-06 125-05-07 125-05-08 125-05-09 125-05-10

月 火 水 木 金 土 日 （ ） 祝 ¥ 円
125-05-11 125-05-12 125-05-13 125-05-14 125-05-15 125-05-16 125-05-17 125-05-18 125-05-19 125-05-20 125-05-21 125-05-22

0 1 2 3 4 5 6 7 8 9 %
125-06-00 125-06-01 125-06-02 125-06-03 125-06-04 125-06-05 125-06-06 125-06-07 125-06-08 125-06-09 125-06-10

月 火 水 木 金 土 日 （ ） 祝 ¥ 円
125-06-11 125-06-12 125-06-13 125-06-14 125-06-15 125-06-16 125-06-17 125-06-18 125-06-19 125-06-20 125-06-21 125-06-22

1 3 5 7 9 11
125-07-01 125-07-03 125-07-05 125-07-07 125-07-09 125-07-11

2 4 6 8 10 12
125-07-02 125-07-04 125-07-06 125-07-08 125-07-10 125-07-12

文字パーツ

KAWAII
▼
05-MOJI
▼
124-125

文字パーツ
Alphabet / Kana

126-A　126-B　126-C　126-D　126-E　126-F　126-G

126-H　126-I　126-J　126-K　126-L　126-M　126-N

126-O　126-P　126-Q　126-R　126-S　126-T　126-U

126-V　126-W　126-X　126-Y　126-Z

126-Aa　126-Ba　126-Ca　126-Da　126-Ea　126-Fa　126-Ga

126-Ha　126-Ia　126-Ja　126-Ka　126-La　126-Ma　126-Na

126-Oa　126-Pa　126-Qa　126-Ra　126-Sa　126-Ta　126-Ua

126-Va　126-Wa　126-Xa　126-Ya　126-Za

126-01　126-02　126-03　126-04　126-05　126-06　126-07　126-08　126-09　126-10

※ 濁点・半濁点として使用します

※このページの素材はファイル名の末尾に
「M」の付いたモノクロ版も収録しています。

日本語フォント

アームド・レモン
ミリメートル
海沿いカリグラ邸！ http://calligra-tei.oops.jp/

1234567890 ABCDEFG ￥1980-
あいうえおかきくけこさしすせそ
春のバーゲンセール絶賛開催中！

ふい字
ふい
ふい字置き場。 http://hp.vector.co.jp/authors/VA039499/

1234567890 ABCDEFG ￥1980-
あいうえおかきくけこさしすせそ
春のバーゲンセール絶賛開催中！

あんずもじ
京風子
あんずいろapricot×color http://www8.plala.or.jp/p_dolce/

1234567890 ABCDEFG ￥1980-
あいうえおかきくけこさしすせそ
春のバーゲンセール絶賛開催中！

しろくまフォント
クマ
しろくまは冬眠したい https://www.lazypolarbear.com/

1234567890 ABCDEFG ￥1980-
あいうえおかきくけこさしすせそ
春のバーゲンセール絶賛開催中！

仕事メモ書き
Do-Font
すももじ http://font.sumomo.ne.jp/

1234567890 ABCDEFG ￥1980-
あいうえおかきくけこさしすせそ
春のバーゲンセール絶賛開催中！

殴り書きクレヨン
Do-Font
すももじ http://font.sumomo.ne.jp/

1234567890 ABCDEFG ￥1980-
あいうえおかきくけこさしすせそ
春のバーゲンセール絶賛開催中！

ARPOP体B

Arphic Technology co.,ltd

1234567890　ABCDEFG　￥1980-
あいうえおかきくけこさしすせそ
春のバーゲンセール絶賛開催中！

C&Gれいしっく

株式会社シーアンドジイ

1234567890　ABCDEFG　￥1980-
あいうえおかきくけこさしすせそ
春のバーゲンセール絶賛開催中！

C&Gブーケ

株式会社シーアンドジイ

1234567890　ABCDEFG　￥1980-
あいうえおかきくけこさしすせそ
春のバーゲンセール絶賛開催中！

しっぽり明朝

フォントダス　林 直樹
FONTDASU　http://fontdasu.com/

1234567890　ABCDEFG　￥1980-
あいうえおかきくけこさしすせそ
春のバーゲンセール絶賛開催中！

あおぞら明朝 Bold

そらいろ
そらいろのおへや　http://blueskis.wktk.so/

1234567890　ABCDEFG　￥1980-
あいうえおかきくけこさしすせそ
春のバーゲンセール絶賛開催中！

タイムマシンわ号

倒神神倒
MODI工場　http://modi.jpn.org/

1234567890　ABCDEFG　￥1980-
あいうえおかきくけこさしすせそ
春のバーゲンセール絶賛開催中！

フォント見本帳

さなフォン飾
沙奈 ★Heart To Me★ http://www2g.biglobe.ne.jp/~misana/

1234567890 ABCDEFG ￥1980-
あいうえおかきくけこさしすせそ
春のバーゲンセール絶賛開催中!

木漏れ日ゴシック
倒神神倒 MODI工場 http://modi.jpn.org/

1234567890 ABCDEFG ￥1980-
あいうえおかきくけこさしすせそ
春のバーゲンセール絶賛開催中!

いろはマル Medium
倒神神倒 MODI工場 http://modi.jpn.org/

1234567890 ABCDEFG ￥1980-
あいうえおかきくけこさしすせそ
春のバーゲンセール絶賛開催中!

KFひま字
KF STUDIO https://www.kfstudio.net/

1234567890 ABCDEFG ￥1980-
あいうえおかきくけこさしすせそ
春のバーゲンセール絶賛開催中!

国鉄っぽいフォント（正体）
横田耕治 旅と鉄の盲腸 http://tabi-mo.travel.coocan.jp/

1234567890 ABCDEFG ￥1980-
あいうえおかきくけこさしすせそ
春のバーゲンセール絶賛開催中!

棘丸ゴシック Black
おたもん 御琥祢屋 http://okoneya.jp/font/

1234567890 ABCDEFG ￥1980-
あいうえおかきくけこさしすせそ
春のバーゲンセール絶賛開催中!

源影ゴシック

そらいろ
そらいろのおへや　http://blueskis.wktk.so/

KAWAII　FONT　源影ゴシック

1234567890 ABCDEFG ¥1980-
あいうえおかきくけこさしすせそ
春のバーゲンセール絶賛開催中!

源抜ゴシック

そらいろ
そらいろのおへや　http://blueskis.wktk.so/

KAWAII　FONT　源抜ゴシック

1234567890 ABCDEFG ¥1980-
あいうえおかきくけこさしすせそ
春のバーゲンセール絶賛開催中!

欧文フォント

ss Pavement

福島トオル
Smile Studio　http://www.smilestudio-jp.com/

KAWAII　FONT　ssPavement

ABCDEFGHIJKLMNOPQRSTUVWXYZ
abcdefghijklmnopqrstuvwxyz
1234567890 &.,:!?'$"%()@
Spring sale 30-50%OFF

源暎ロマンのーと

おたもん
御琥祢屋　http://okoneya.jp/font/

KAWAII　FONT　源暎ロマンのーと

ABCDEFGHIJKLMNOPQRSTUVWXYZ
abcdefghijklmnopqrstuvwxyz
1234567890 &.,:!?'$"%()@
Spring sale 30-50%OFF

Liq Regular

山岡康弘
YOWorks Web Site　http://www.yoworks.com/

KAWAII　FONT　LiqRegular

ABCDEFGHIJKLMNOPQRSTUVWXYZ
abcdefghijklmnopqrstuvwxyz
1234567890 &.,:!?'$"%()@
Spring sale 30-50%OFF

フォント見本帳

Wordを使って作ろう

本書ではWordを使った手作り販促ツールの作り方を紹介します。
Wordの操作は基本さえ覚えてしまえば簡単です。
素材を組み合わせて、オリジナル販促ツールをいろいろ作ってみてください。

※操作解説はWord2019に対応しています（画面はWord2016のものです）。

はがき・A4サイズで作る

はがきサイズの背景素材はPOPやダイレクトメールなど、A4サイズの背景素材はポスターやチラシ、メニュー表などのお知らせを作るのにおすすめです。
基本的なパソコンの操作方法はどれも同じですが、
ここでははがきサイズのPOPの作り方の手順を例に紹介します。

はがき・A4サイズの背景素材は以下の大きさでの印刷を推奨しています。
はがきサイズ：100mm×148mm　あるいは　148mm×100mm
A4サイズ：210mm×297mm　あるいは　297mm×210mm

プリンターと用紙の設定をする

① Wordを起動し、[白紙の文書] を選択します。

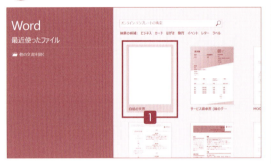

Word2010／2007 ➡ [白紙の文書] を選択する必要はありません。

② [ファイル]タブをクリックし、[印刷]をクリックします。

Word2007 ➡ [Office]ボタンをクリックし、[印刷]をクリック。

③ 「印刷」が表示されます。使用するプリンターを選択し、[プリンターのプロパティ]をクリックします。

Word2007 ➡ 使用するプリンターを選択し、[プロパティ]をクリック。

④ [基本設定]タブから用紙の種類を、[ページ設定]タブから印刷方向、用紙サイズを選択し、[OK]をクリックします。

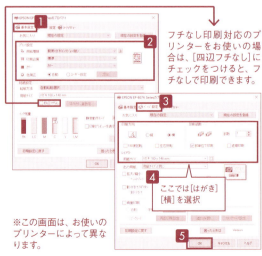

フチなし印刷対応のプリンターをお使いの場合は、[四辺フチなし]にチェックをつけると、フチなしで印刷できます。

ここでは[はがき][横]を選択

※この画面は、お使いのプリンターによって異なります。

⑤ [印刷]に戻ったら、[A4]をクリックし、[その他の用紙サイズ]を選択します。

Word2007 ➡ [印刷]に戻ったら[閉じる]をクリックし、[ページレイアウト]タブの[サイズ]から[その他の用紙サイズ]を選択。

⑥ 「ページ設定」が表示されます。[用紙]タブの[用紙サイズ]で、サイズを選択します。

⑦ [余白]タブをクリックし、上下左右の余白をすべて0mmにし、印刷の向きを選択して[OK]をクリックします。

下記のエラーメッセージが表示された場合は、[修正]をクリックし、再び「ページ設定」が表示されたら、[OK]をクリックします。

※[修正]をクリックすると、お使いのプリンターに合わせて、余白の数値が自動的に調整されます。

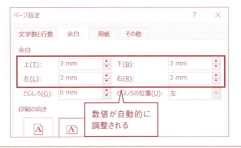

⑧ ⬅ マークをクリックします。

Word2010 ➡ [ホーム]タブをクリック。
Word2007 ➡ この操作は必要ありません。

素材を貼り付ける準備ができました。

四隅にある印を結んだ内側が印刷可能範囲です。
※四辺フチなし印刷を設定している場合は、四隅の印は表示されません。

背景素材を貼り付ける

① 付属DVD-ROMをパソコンにセットします。[挿入]タブの[画像]をクリックします。

Word2010／2007 ➡ [挿入]タブの[図]をクリック。

② 「図の挿入」が表示されます。DVDドライブを選択して、付属DVD-ROMを開きます。カタログページに掲載されている収録先を参考にフォルダを開いていきます。

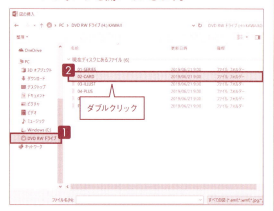

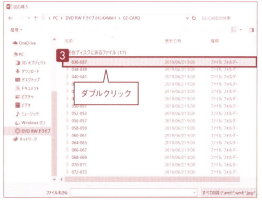

③ 使用したい背景素材を選択して、[挿入]をクリックします。

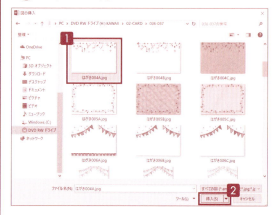

④ 素材が選択された状態で、[図ツール]の[書式]タブの[文字列の折り返し]から[背面]を選択します。

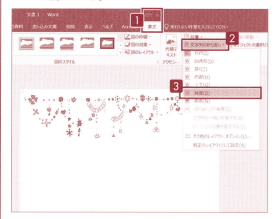

⑤ 必要があれば素材をドラッグして、位置を調節。次に素材の四隅の○をドラッグして、サイズを調整します。

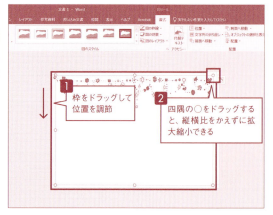

Word2013 ➡ 四隅の□をドラッグして、サイズを調整します。

文字を入力する

① [挿入]タブの[テキストボックス]をクリックし、[横書き(もしくは縦書き)テキストボックスの描画]をクリックします。

ここでは[横書きテキストボックスの描画]を選択

④ テキストボックスをドラッグして位置を調節し、次に四隅の○をドラッグしてサイズを調節します。

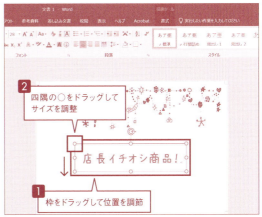

四隅の○をドラッグしてサイズを調整

枠をドラッグして位置を調節

Word2013 ➡ 四隅の□をドラッグして、サイズを調整します。

② 文字を入力したい位置でドラッグして、テキストを入力します。

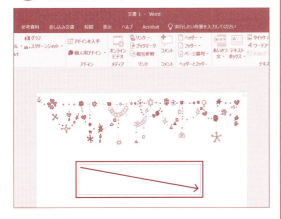

⑤ テキストボックスを選択した状態で、[描画ツール]の[書式]タブの[図形の塗りつぶし]をクリックし、[塗りつぶしなし]をクリック。同様に、[図形の枠線]をクリックし、[枠線なし]をクリックします。

③ 入力した文字を選択した状態で、[ホーム]タブをクリックします。フォントの種類、サイズ、色などをデザインに合わせて変更します

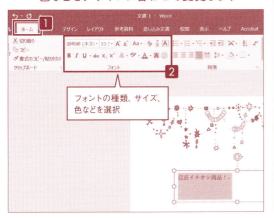

フォントの種類、サイズ、色などを選択

Word2007 ➡ テキストボックスを選択し、[テキストボックスツール]の[書式]タブを選択。

135

パーツ素材を貼り付ける

① 132〜135ページの手順にしたがって、背景素材や文字を配置したら、何も選択していない状態で、[挿入]タブの[画像]をクリックします。

Word2010／2007 ➡ [挿入]タブの[図]をクリック。

② [図の挿入]が表示されます。付属DVD-ROMから、使用したい素材を選択して、[挿入]をクリックします。

③ 素材を選択した状態で、[図ツール]の[書式]タブの[文字列の折り返し]をクリックして、[前面]を選択します。

④ 素材をドラッグして、位置を調整し、四隅の○をドラッグしてサイズを調節します。

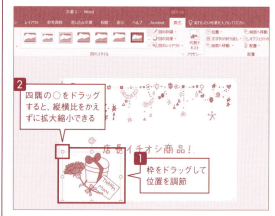

Word2013 ➡ 四隅の□をドラッグして、サイズを調整します。

印刷する

① [ファイル]タブをクリックし、[印刷]をクリックします。

Word2007 ➡ [Office]ボタンをクリックし、[印刷]をクリック。

② [印刷]が表示されたら、枚数を指定して[印刷]をクリックすると印刷が始まります。

Word2007 ➡ 枚数を指定して、[OK]をクリック。

手持ちの写真を合成する

① 132〜136ページの手順にしたがって、背景素材やフレームを配置し、何も選択していない状態で、[挿入]タブの[画像]をクリックします。

Word2010／2007 ➡ [挿入]タブの[図]をクリック。

② パソコンから写真を読み込み、[挿入]をクリックします。

③ 写真を選択した状態で、[図ツール]の[書式]タブの[文字列の折り返し]をクリックし、[前面]をクリックします。

④ 写真の不要な部分を切り抜きたいときは、写真を選択して、[図ツール]の[書式]タブから[トリミング]をクリックします。

※写真をそのまま使用する場合は、手順⑥に進んでください。

⑤ 写真の周囲にあるハンドルをドラッグして、切り抜く範囲を指定してから、もう一度[トリミング]をクリックして切り抜きます。

⑥ 写真のサイズを調整し、ドラッグしてフレームの上に重ねたら、写真を右クリックして[最背面へ移動]→[背面へ移動]をクリックします。

写真の位置を再び調整したいときは、フレームを、右クリックして[最背面へ移動]→[背面へ移動]をクリックします。フレームが写真の後ろに移動したら、写真の位置を調整したあと再び右クリックして、[最背面へ移動]→[背面へ移動]をクリックし、写真を背面に戻します。

名刺サイズで作る

名刺サイズの背景素材は、ショップカードやプライスカード、割引券などを作るのに便利です。家庭用プリンターなどで印刷する場合は、プリンターがサイズに対応していないことがありますので、A4サイズの用紙に並べてレイアウトしたものを印刷し、あとから切り分けましょう。

名刺サイズの背景素材は以下のサイズでの印刷を推奨しています。
名刺サイズ：55mm×91mm　あるいは　91mm×55mm

名刺サイズのレイアウト方法

① 132ページの手順①〜④にしたがって、プリンターの設定を行い、用紙サイズをA4にしたら←マークをクリックします。

Word2010 ➡ [ホーム]タブをクリック。
Word2007 ➡ この操作は必要ありません。

② [差し込み文書]タブの[作成]から[ラベル]を選択します。

③ 「封筒とラベル」が表示されるので、[ラベル]タブの[オプション]をクリックします。

Word2013/2010/2007 ➡ 「宛名ラベル作成」が表示されます。

④ 「ラベル オプション」が表示されるので、ラベルの製造元と製品番号を選び、[OK]をクリックします。

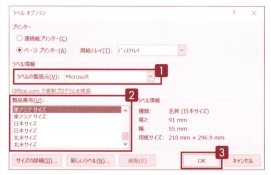

※ここでは「Microsoft」の「東アジアサイズ<Word2007の場合は、名刺(日本サイズ)>」を選択していますが、使用する用紙にあわせて選択します（メーカーの名刺専用紙に印刷すときは 該当する型番を選択するときっちり印刷できます）。

⑤ 「封筒とラベル」に戻ったら、[新規文書]をクリックします。

Word2013/2010/2007 ➡「宛名ラベル作成」が表示されます。

マス状に区切られた文書が新規に作成されます。

⑥ 134～137ページの手順にしたがって、名刺サイズの背景やパーツなどをレイアウトします。

※背景素材を[背面]に設定して選択できなくなる場合は、[前面]を選択してください。

⑦ 挿入した背景やパーツのどれかを選択し、[差し込み文書]タブの[作成]から、[ラベル]を選択します。

※テキストボックスを選択すると[ラベル]を選択できません。

⑧ 「封筒とラベル」が表示されるので、[ラベル]タブの[新規文書]をクリックします。

Word2013/2010/2007 ➡「宛名ラベル作成」が表示されます。

すべてのマスにレイアウトが反映された新しい文書が作成されます。

⑨ 136ページの手順にしたがって印刷します。

フォントのインストール方法

見本帳のフォントを使用するためには、あらかじめ付属DVD-ROMに収録されているフォントファイルをパソコンにインストールしておく必要があります。
下記の手順を参考にインストールを行ってください。

Windows10／8.1／8

①-1 付属DVD-ROMをパソコンにセットし、デスクトップ画面下のタスクバーからエクスプローラーを開きます。

※パソコンの設定によっては、付属DVD-ROM内のフォルダが直接表示される場合もあります。

①-2 [PC]（8の場合は[コンピューター]）をクリックし、さらにDVD-ROMアイコンをダブルクリックして開きます。

③ フォントファイルを右クリックし、表示されるメニューから[インストール]をクリックするとインストールが始まります。

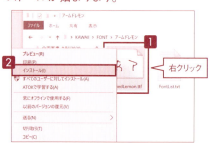

フォントのアンインストール方法

フォントはそのままインストールしておいても特に問題ありませんが、アンインストールしたい場合は、[設定]（または[コントロールパネル]）から[フォント]を開いて、一覧から削除したいフォントを探してクリックし、さらに[アンイストール]をクリックして削除します。Windows10ではパソコンの検索欄に「フォント」と入力すると簡単です。

Windows7／Vista

① 付属DVD-ROMをパソコンにセットし、[フォルダーを開いてファイルを表示]をクリック。

「自動再生」が表示されなかった場合は、「スタート」メニューの「コンピューター」をクリックし、DVD-ROMドライブから開いてください。

② 「FONT」フォルダを開き、さらに使いたいフォントのフォルダを開きます。

▶フォントファイルがわからないときは？
どれがフォントファイルなのかわからないときは、アイコンを右クリックして、[プロパティ]から[ファイルの種類]を確認しましょう。

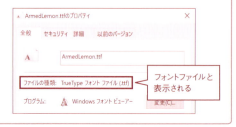

作り方のヒント Q&A

基本的な作り方をマスターしたら、あとはどんどん作るだけ！ここでは、こだわりの販促ツール作りに役立つWordの便利な機能をQ&A方式で紹介します。

Q1 行間を調節するには？

A 調節したい行をドラッグして選択した状態で、右クリックします。表示されるメニューから[段落]を選択。[インデントと行間隔]タブの[行間]を[固定値]に設定し、[間隔]にポイント数を入力して[OK]をクリックします。

Q2 字間を調節するには？

A 調節したい文字をドラッグして選択した状態で、右クリックします。表示されるメニューから[フォント]を選択。[詳細設定]タブをクリックし、[文字間隔]の[間隔]にポイント数を入力して[OK]をクリックします。

Q3 どうしてもうまく印刷できないときは？

A Wordで作ったデータがうまく印刷できないときは、一度PDF形式で保存して、Adobe Acrobat Reader DCを使って印刷してみるのも1つの方法です。[ファイル]タブの[名前を付けて保存]で保存する際に、ファイルの種類を[PDF]にします。ただし、PDF形式で保存してしまうと、再び編集できなくなるので、元のWordデータもきちんと残しておきましょう。

Q4 写真や素材の重なり順を入れ替えるには？

A 順序を入れ替えたいものを右クリックして、表示されるメニューから[最前面へ移動（もしくは最背面へ移動）]から[前面へ移動（もしくは背面へ移動）]を選択します。

Q5 写真や素材の向きを反転するには？ 写真や素材を回転するには？

A 選択すると表示される四隅の○を反転したい方向までドラッグすると反転します。

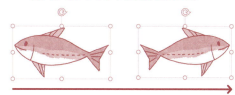

Word2013 ➡ 四隅の□をドラッグします。

選択すると表示される上部の矢印 ⟳ を回転したい方向へドラッグすると、自由な角度で回転できます。

Word2010／2007 ➡ 上部の緑の○をドラッグします。

Q6 写真や素材を好みの形に切り抜くには？

A 写真や素材を選択し、[図ツール]の[書式]タブの[トリミング]から[トリミング]を選択。ハンドルをドラッグして、切り抜く範囲を指定します。縦横比を調整したら、そのまま選択した状態で[トリミング]から[図形に合わせてトリミング]をクリックし、好みの図形を選択します。

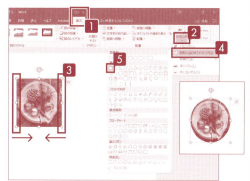

Word2007 ➡ [図ツール]の[書式]タブの[トリミング]で、縦横比を調整したあと、そのまま[図ツール]の[書式]タブの[図の形状]をクリックし、好みの図形を選択。

付属DVD-ROMについて

　本書の付属DVD-ROMはWindowsとMac両方に対応したハイブリッドタイプです。DVD-ROMには画像データ（JPEG形式、PNG形式）、フォントデータのみを収録しており、Adobe Illustrator、Microsoft Word などのアプリケーションソフトは収録していませんので、別途ご用意ください。

フォルダ構成

　本書の付属DVD-ROMは下記のようなフォルダ構成になっており、素材データは各カテゴリフォルダ内のサブフォルダに収録されています。

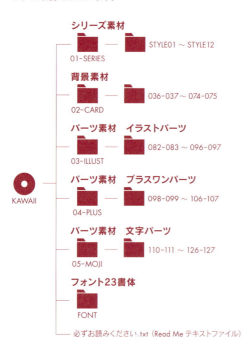

●収録データについて
　本書の付属DVD-ROM内に収録されているデータは、JPEG形式、もしくはPNG形式で収録されており、WindowsおよびMacの主なグラフィックソフトなどで使用することができます。
　付属DVD-ROMに収録されている素材データは、すべて300dpiで作成されています。
　なお、これらのデータを印刷した場合、本書に掲載しているイラスト一覧やパソコンのモニタで見たものと若干色合いが異なることがあります。これはお使いのプリンターやパソコンの特性によるものです。印刷する前に、色合いを確認していただくことをおすすめします。

●データ使用の際の注意事項
　紙面のカタログはレイアウトの便宜上配置したもので、収録したデータとは縦横比や色などが若干異なる場合があります。
　データを使用する場合、一度に多くの画像データを読み込むと、お使いのマシンの環境によっては印刷できない場合があります。

●ファイルの属性およびクリエータ情報
　付属DVD-ROMに収録されているファイルは、すべて読み取り専用の属性がつけられています。そのため、DVD-ROM上のファイルをそのままハードディスクなどにコピーして利用する場合、加工・修正などの作業後に同じ名前で保存できないことがあります。この場合は、あらかじめファイル属性を書き換えてからご利用いただくか、加工・修正を行ったアプリケーションソフトで保存する際に別の名前で保存してください。

ご利用条件について

　付属DVD-ROMに収録されたデータを利用する前に、必ずこの「ご利用条件について」をお読みいただき、同意のうえ、ご利用ください。

○画像データのご利用条件について
　本書および付属DVD-ROMに収録した画像データの著作権はこれきよ（corekiyo）（以下「著作権者」といいます。）に帰属します。
　著作権者は、本書および付属DVD-ROMに収録する画像データに関していかなる権利も放棄していません。
　付属DVD-ROMに収録された画像データは、以下に定める範囲内でご利用いただきますようお願いいたします。

・本書をご購入いただいた方に限り、個人・法人を問わず、著作権法ならびに以下の禁止事項に反しない範囲内で、画像データをそのまま、もしくは加工（複数の画像データを組み合わせることを含みます。以下同じ。）して何度でもご利用いただけます。

・店舗内チラシ・ポスター、POP、プライスカード、ダイレクトメールなどの作成にご自由にお使いいただけます。店舗のWebサイトなどでご使用の場合は、解像度を下げる、グラフィックの一部として使用する、PDF化するなど、画像データそのものを流用できない状態で掲載をお願いいたします。店舗内の販促物作成以外での商用利用は、禁止させていただきます。また、私的なご使用であれば常識の範囲内で自由にお使いいただけます。

・Microsoft Word、Adobe Photoshop等を使った加工に関しても制限はありません。
・本利用条件で定める範囲内でのご利用の際、個別の利用許諾申請は必要ありません。
・法人や学校で使用する場合には、1台のPCに対して本書1冊の購入をお願いいたします。

■禁止事項

(1) 公序良俗に反する態様でデータを利用すること。
(2) 著作権者を名乗る行為。
(3) データの一部または全部を、加工の有無にかかわらず「再配布」すること。なお、「再配布」とは、有償・無償にかかわらず、書籍・CD-ROM・DVD-ROM等の媒体に収録してデータを配布する行為や、データそのものを再利用できる形(ダウンロードを可能にすることを含みます。)でサーバー等にアップロードして送信可能化するといった、インターネット等の通信手段を利用する配布行為を意味します。
(4) データそのもの、または加工したデータを印刷し、カード・シール・ポストカード・ステッカー・包装紙・Tシャツ・布生地・バッグ・自社商品パッケージ等にして販売すること。
(5) データを利用したカード類や印刷物・雑貨類、写真加工、テンプレート等の制作を請け負うサービスを行うこと。
(6) データの一部または全部を利用して、著作権登録、意匠登録、商標登録など知的財産権の登録を行うこと。
(7) 写真加工・お絵かきアプリ・SNSのスタンプ等、データそのもの、または加工したデータのアプリへの利用。
(8) テレビCM等の広告、会社ロゴへの利用。
(9) 出版物や商品パッケージ、Web作成でのデザイン用素材への利用。

○フォントのご利用条件について

　フォントのご使用については、以下の各著作権者の定める利用規約に準じてご利用ください。また、店舗内の販促物作成については事前に各著作権者へ使用確認をしていますが、そのほかの使用許諾の詳細については、各著作権者のホームページをご参照・ご確認ください。
　「ARPOP体B」「C&Gれいしっく」「C&Gブーケ」については、店舗内の販促物作成および個人の範囲で使用することを原則としています。

「アームド・レモン」
ミリメートル／海沿いカリグラ邸！　http://calligra-tei.oops.jp/

「ふい字」
ふい／ふい字置き場。　http://hp.vector.co.jp/authors/VA039499/

「あんずもじ」
京風子／あんずいろapricot×color　http://www8.plala.or.jp/p_dolce/

「しろくまフォント」
クマ／しろくまは冬眠したい　https://www.lazypolarbear.com/

「仕事メモ書き」「殴り書きクレヨン」
Do-Font／すももじ　http://font.sumomo.ne.jp/

「ARPOP体B」
Arphic Technology co.,ltd

「C&Gれいしっく」「C&Gブーケ」
株式会社シーアンドジイ

「しっぽり明朝」
フォントダス　林 直樹／FONTDASU　http://fontdasu.com/

「あおぞら明朝　Bold」「源影ゴシック」「源抜ゴシック」
そらいろ／そらいろのおへや　http://blueskis.wktk.so/

「タイムマシンわ号」「木漏れ日ゴシック」「いろはマル　Medium」
倒神神倒／MODI工場　http://modi.jpn.org/

「さなフォン飾」
沙奈／★Heart To Me★　http://www2g.biglobe.ne.jp/~misana/

「KFひま字」
KF STUDIO　https://www.kfstudio.net/

「国鉄っぽいフォント(正体)」
横田耕治／旅と鉄の盲腸　http://tabi-mo.travel.coocan.jp/

「棘丸ゴシック　Black」「源暎ロマンのーと」
おたもん／御琥祦屋　http://okoneya.jp/font/

「ss Pavement」
福島トオル／Smile Studio　http://www.smilestudio-jp.com/

「Liq　Regular」
山岡康弘／YOWorks Web Site　http://www.yoworks.com/

●お問い合わせについて

　ご使用にあたってご不明な点は、Web上のお問い合わせフォームをご利用ください。

インプレスブックス　お問い合わせフォーム
https://book.impress.co.jp/info/

　上記フォームがご利用いただけない場合は、書名『かわいい手作りPOP素材集 豪華版』と明記のうえ、メール(info@impress.co.jp)にてお問い合わせください。お問い合わせの際はご利用になりたいデータのファイル名、お使いのパソコンやソフト、プリンター環境、行った操作手順など、内容をできるだけ詳細にお知らせください。内容にあいまいな点があると、回答までに時間を要したり、適切な回答ができなかったりしますので、ご協力をお願いいたします。

　ただし、本書の掲載内容を超える個別のソフトの操作方法については回答できません。

　各著作権者および株式会社インプレスは、付属DVD-ROMに収録したファイルを利用したことによって、あるいは利用できなかったことによって起きたいかなる損害についても責任を負いません。あらかじめご了承ください。

Profile

イラストレーター
これきよ
Corekiyo

主に女性向けと子ども向けの書籍や雑誌の表紙や挿絵を描いています。子ども向けのキャラクターイラストや、ガールズイラスト、食べ物のスケッチが得意。かわいくてわかりやすいをモットーに日々いろいろなものを描いています。『手作りツールで売り上げUP! まるごとPOP素材集』『ノート・日記・手帳が楽しくなる ゆるスケッチ』(小社刊)など著書多数。

http://corekiyo.net/

Staff

CG & ARTWORKS	これきよ(corekiyo)
デザイン	水野知美(シズクデザイン)
作例協力	studio miin／Adobe stock
	フォントダス 林直樹
編集協力	馬場はるか／杉本律美／皆川美緒
編集	竜口明子
編集長	山内悠之

PHOTO CREDIT
©Africa Studio,chihana,Chikako Kamitori,gudrun,kazoka303030,kei u,marketlan,Monkey Business,naka,norikko,Pavel Burchenko,pavel siamionov,puthithon,Quade,runin,sasazawa,sasuke050201,sunabesyou,TAGSTOCK2,Takeru,takuriko,Tsuboya,Visions-AD,デジル,宣彦 阿部,靖宜 小泉,祐理 末廣/stock.adobe.com

本書は小社既刊『かわいい手作りPOP素材集』を元に素材を大幅追加、一部改良して収録したものです。
一部の素材は既刊書から流用しています。

かわいい手作りPOP素材集 豪華版

2019年6月21日 初版第1刷発行

著者　　これきよ(corekiyo)
発行人　小川 亨
編集人　高橋隆志
発行所　株式会社インプレス
　　　　〒101-0051　東京都千代田区神田神保町一丁目105番地
　　　　ホームページ　https://book.impress.co.jp/

本書は著作権法上の保護を受けています。本書の一部あるいは全部について(ソフトウェア及びプログラムを含む)、株式会社インプレスから文書による許諾を得ずに、いかなる方法においても無断で複写、複製することは禁じられています。

Copyright ©2019 corekiyo and Impress Corporation. All rights reserved.

印刷所　大日本印刷株式会社
ISBN978-4-295-00635-0 C3055
Printed in Japan

■ 商品に関する問い合わせ先
インプレスブックスのお問い合わせフォームより入力してください。
https://book.impress.co.jp/info/
上記フォームがご利用頂けない場合のメールでの問い合わせ先
info@impress.co.jp

- 本書の内容に関するご質問は、お問い合わせフォーム、メールまたは封書にて書名・ISBN・お名前・電話番号と該当するページや具体的な質問内容、お使いの動作環境などを明記のうえ、お問い合わせください。
- 電話やFAX等でのご質問には対応しておりません。なお、本書の範囲を超える質問に関しましてはお答えできませんのでご了承ください。
- インプレスブックス(https://book.impress.co.jp/)では、本書を含めインプレスの出版物に関するサポート情報などを提供しておりますのでそちらもご覧ください。
- 該当書籍の奥付に記載されている初版発行日から3年が経過した場合、もしくは該当書籍で紹介している製品やサービスについて提供会社によるサポートが終了した場合は、ご質問にお答えしかねる場合があります。

■ 落丁・乱丁本などの問い合わせ先
TEL　03-6837-5016　FAX　03-6837-5023
service@impress.co.jp
(受付時間／10:00-12:00、13:00-17:30 土日、祝祭日を除く)
- 古書店で購入されたものについてはお取り替えできません。

■ 書店／販売店の窓口
株式会社インプレス 受注センター
TEL　048-449-8040
FAX　048-449-8041
株式会社インプレス 出版営業部
TEL　03-6837-4635

本書の付属DVD-ROMは、図書館およびそれに順ずるすべての施設において館外へ貸し出しすることはできません。